BEI GRIN MACHT SICH IHR WISSEN BEZAHLT

- Wir veröffentlichen Ihre Hausarbeit,
  Bachelor- und Masterarbeit

- Ihr eigenes eBook und Buch -
  weltweit in allen wichtigen Shops

- Verdienen Sie an jedem Verkauf

Jetzt bei www.GRIN.com hochladen und kostenlos publizieren

Gregor Gruschka

Das Nautische Dreieck und seine Anwendungen

GRIN Verlag

Bibliografische Information der Deutschen Nationalbibliothek:

Die Deutsche Bibliothek verzeichnet diese Publikation in der Deutschen National-
bibliografie; detaillierte bibliografische Daten sind im Internet über http://dnb.d-
nb.de/ abrufbar.

Impressum:

Copyright © 2006 GRIN Verlag GmbH
Druck und Bindung: Books on Demand GmbH, Norderstedt Germany
ISBN: 978-3-638-90410-0

Dieses Buch bei GRIN:

http://www.grin.com/de/e-book/85729/das-nautische-dreieck-und-seine-anwendun-
gen

GRIN - Your knowledge has value

Der GRIN Verlag publiziert seit 1998 wissenschaftliche Arbeiten von Studenten, Hochschullehrern und anderen Akademikern als eBook und gedrucktes Buch. Die Verlagswebsite www.grin.com ist die ideale Plattform zur Veröffentlichung von Hausarbeiten, Abschlussarbeiten, wissenschaftlichen Aufsätzen, Dissertationen und Fachbüchern.

Besuchen Sie uns im Internet:

http://www.grin.com/

http://www.facebook.com/grincom

http://www.twitter.com/grin_com

Das Nautische Dreieck und seine Anwendungen

Bachelorarbeit
an der Fakultät für Mathematik
der Ruhr-Universität Bochum
im Studiengang Bachelor of Arts

Gregor Gruschka

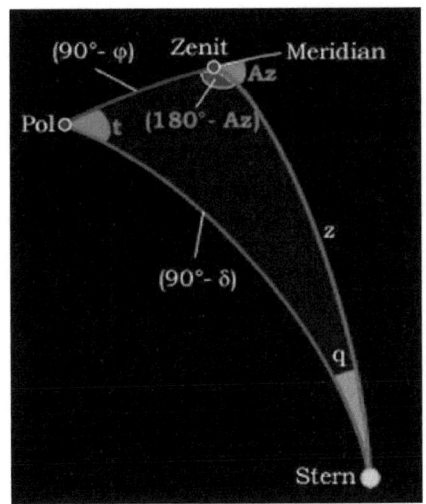

Gregor Gruschka

Bochum, den 04.04.2006

Inhaltsverzeichnis

1 Einleitung

Die Geschichte der Astronomie nahm in 16. Jahrhundert in Folge der Beiträge des Astronomen Nikolaus Kopernikus (1473-1543) eine dramatische Wende. Nach seinen Studien an der Universität Krakau, die damals ein weltberühmtes Zentrum für mathematische Fächer war, ging er nach Italien und setzte in seinen Theorien anstelle der Erde die Sonne als Zentralgestirn. Diese angezweifelte Theorie, das sogenannte heliozentrische System setzte sich erst nach der Einführung der Ellipsenbahnen durch Johannes Kepler (1571-1630) durch. Weiter untermauerte der italienische Mathematiker Galileo Galilei (1564-1642) mit Hilfe des Teleskops die heliozentrische bzw. die kopernikanische Theorie, indem er anhand seiner Beobachtungen beweisen konnte, dass sich einzelne Planeten nicht um die Erde sondern um die Sonne drehen[1]. Den endgültigen physikalischen Beweis für die elliptischen Planetenbahnen um die Sonne lieferte der Physiker Sir Isaac Newton (1643-1727) mit seinem sogenannten Newton'schen Gravitationsgesetz. Dies legte den Grundstein für die moderne Astronomie[2].

Besonders die sphärische Astronomie beschäftigt sich noch heute mit der scheinbaren Bewegung der Himmelskörper infolge der täglichen Drehung der Erde um sich und der jährlichen Bewegung der Erde um die Sonne. Dieses Phänomen liegt dieser Arbeit zu Grunde, die sich thematisch mit dem Nautischen Dreieck und seiner Anwendung beschäftigt, welches die Bestimmung der Koordinaten eines Gestirns berechenbar macht.

In der Astronomie spielt die Beobachtung von Sternen eine fundamentale Rolle. Um Sterne beobachten zu können muss man zuerst ihre genaue Himmelsposition ermitteln, ebenso wie den Zeitpunkt zu dem sie dort anzutreffen sind. Ihre genaue Position zu ermitteln ist ohne die Mathematik, genauer die Kugelgeometrie (auch sphärische Trigonometrie genannt) kaum realisierbar. Mit Hilfe der Sätze der sphärischen Trigonometrie kann man die Position eines Gestirns, unter Berücksichtigung der genauen Koordinaten des Beobachtungsortes, bestimmen. Um alle relevanten Angaben des Gestirns erhalten zu können braucht man zusätzlich noch den Greenwichen Stundenwinkel, mit dem man die „Mittlere Greenwich-Zeit" des Gestirns bestimmen kann. Aus dieser lässt sich die genaue Ortszeit bestimmen und somit auch der zeitliche Verlauf des Gestirns an einem Tag.

Bei der Einführung des Nautischen Dreiecks tritt jedoch ein mathematisches Problem auf, welches in vielen Büchern und selbst im Buch von H.-G. Bigalke, welches die Grundlage meiner Arbeit darstellt, ignoriert wird: Bei den üblicherweise in der sphärischen Trigonometrie betrachteten Eulerschen Dreiecken sind nur ungerichtete Winkel, also Winkel die kleiner als π sind, zugelassen. Azimut und Stundenwinkel im Nautischen Dreieck sind jedoch gerichtete Winkel, also Winkel die kleiner als 2π sind. Somit müssen die Formeln der sphärischen Geometrie für die gerichteten Winkel hergeleitet werden.

---

[1] Liebold et al., 1988, S. 236ff

[2] Liebold et al., 1988, S. 487f

Der Schwerpunkt meiner Arbeit liegt im mathematischen Beweis und der Herleitung der Sätze der sphärischen Trigonometrie für Dreiecke mit gerichteten Winkeln, wobei das Nautische Dreieck ein solches Dreieck ist und der Beweis eine Notwendigkeit darstellt, mit diesem speziellen Dreieck arbeiten zu können.

Im weiteren Verlauf wird das Nautische Dreieck eingeführt und die, in diesem Zusammenhang relevanten mathematischen Sätze hergeleitet. Mit dem Einführen der Sätze lassen sich nun die Bewegungsgleichungen der Sterne aufstellen, die die genaue Bewegung der Sterne am Himmel vollständig beschreiben. Zum Schluss wird die oben genannte Theorie an einem Beispiel, der Sirius über Bochum, praktisch verdeutlicht.

2 Sphärische Trigonometrie mit gerichteten Winkeln

2.1 Die Sätze der sphärischen Trigonometrie in Eulerschen Dreiecken

Gegeben sind drei Punkte A, B und C auf der Kugel, die nicht auf einem gemeinsamen Großkreis liegen. Die drei Großkreise durch je zwei dieser Punkte zerlegen die Kugel in acht Gebiete. So bilden die drei kürzeren Großkreisbogen $\overset{\frown}{AB}$, $\overset{\frown}{BC}$ und $\overset{\frown}{CA}$, wobei hier die kürzeste Kurve von jeweils zwei Punkten zueinander gemeint ist, das Kugeldreieck ABC. Seine Innenwinkel, α, β und γ, sind die, die von jeweils zwei seiner Seiten eingeschlossen werden und $< 180^o$ sind. Die Dreiecksseiten, a, b und c, haben nach der Definition der Großkreisebogen als kürzeste Kurve zweier Punkte zueinander eine Länge von $\leq 180^o$. Diese Länge wird im Folgenden ebenfalls mit a, b und c bezeichnet. Ein Kugeldreieck, bei dem also die Winkel $< 180^o$ und die Seitenlängen jeweils $\leq 180^o$ sind, wird **Eulersches Dreieck** genannt.

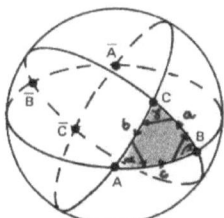

Abbildung 1: Das Eulersche Dreieck (aus Bigalke, 1984. S. 16)

In einem solchen Eulerschen Dreieck gelten die folgenden Zusammenhänge zwischen Seiten und Winkeln[3]:

Sinussatz:

$$\frac{\sin \alpha}{\sin a} = \frac{\sin \beta}{\sin b} = \frac{\sin \gamma}{\sin c}$$

Seiten-Kosinussatz:

$$\cos a = \cos b \cdot \cos c + \sin b \cdot \sin c \cdot \cos \alpha$$

$$\cos b = \cos a \cdot \cos c + \sin a \cdot \sin c \cdot \cos \beta$$

$$\cos c = \cos a \cdot \cos b + \sin a \cdot \sin b \cdot \cos \gamma$$

---

[3]Bigalke, 1984, S. 24ff

Kotangenssatz:

$$\cos a \cdot \cos \beta = \sin a \cdot \cot c - \sin \beta \cdot \cot \gamma$$

$$\cos b \cdot \cos \gamma = \sin b \cdot \cot a - \sin \gamma \cdot \cot \alpha$$

$$\cos c \cdot \cos \alpha = \sin c \cdot \cot b - \sin \alpha \cdot \cot \beta$$

Durch Vertauschen der Seiten und Winkel folgen die weiteren Kotangenssätze. Diese werden im weiteren Verlauf der Arbeit jedoch nicht benötigt.

2.2 Die Sätze für Eulersche Dreiecke mit gerichteten Winkeln

Für Anwendungen der sphärischen Trigonometrie in der Astronomie ist es zweckmäßig, Dreiecke mit gerichteten Winkeln zur Verfügung zu haben. Dazu ist eine Orientierung der Kugeloberfläche notwendig. In der Astronomie ist die gebräuchliche Konvention – im Gegensatz zu der in der Mathematik üblichen – dass ein Winkel im Uhrzeigersinn gemessen wird, wenn man von außen auf die Kugeloberfläche schaut. Ein sphärisches Dreieck besteht nun aus drei Punkten A, B und C und (möglicherweise nicht kürzesten) Großkreisbögen $a', b', c' : [0,1] \rightarrow S^2$ mit

$$a'(0) = B \; ; \; a'(1) = C$$

$$b'(0) = C \; ; \; b'(1) = A$$

$$c'(0) = A \; ; \; c'(1) = B$$

und den gerichteten Winkeln

$$\alpha' = \vec{\sphericalangle}(-\dot{b}'(1), \dot{c}'(0))$$

$$\beta' = \vec{\sphericalangle}(-\dot{c}'(1), \dot{a}'(0))$$

$$\gamma' = \vec{\sphericalangle}(-\dot{a}'(1), \dot{b}'(0)).$$

Betrachtet man das Eulersche Dreieck unter diesen Vorgaben so sind zwei Varianten dieses Dreiecks möglich. Abhängig von der Orientierung der, durch die Punkte A, B und C definierten Kurve, sind die neu eingeführten gerichteten Winkel entweder die Innenwinkel des Dreiecks oder aber deren Komplemente.

Für den ersten Fall, bei dem die gerichteten Winkel die Innenwinkel sind, vgl. Abb. 2, besteht kein Unterschied zu dem in Kapitel 2.1 besprochenen Eulerschen Dreieck.

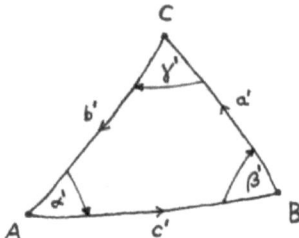

Abbildung 2: Das Eulersche Dreieck mit gerichteten Winkeln 1

Beim zweiten Fall, bei dem die gerichteten Winkel die jeweiligen Komplemente der Innenwinkel sind muss beachtet werden, dass bei jedem beliebigen Winkel ein Vorzeichenwechsel stattfindet, also $x \rightarrow -x$, vgl. Abb. 3. Dieser Vorzeichenwechsel hat jedoch keine Auswirkungen auf die Sätze der sphärischen Trigonometrie. Dies hängt mit den Identitäten

$$\cos(-x) = \cos x$$
$$\text{und } \sin(-x) = -\sin x$$
$$\text{und } \cot(-x) = -\cot x$$

zusammen.

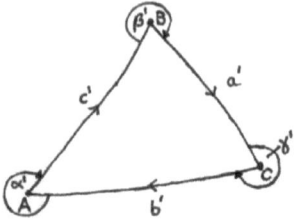

Abbildung 3: Das Eulersche Dreieck mit gerichteten Winkeln 2

Unter genauerer Betrachtung der Sätze für Eulersche Dreiecke fällt auf, dass die Vorzeichenwechsel sich jeweils gegenseitig aufheben:

- Beim **Sinussatz** steht auf beiden Seiten der Gleichung ein Minuszeichen, so dass dieses gekürzt werden kann.

- Beim **Seiten-Kosinussatz** kommt nur der Kosinus eines Winkels vor, so dass sich dort ebenfalls nichts ändert.

- Beim **Kotangenssatz** steht auf der linken Seite der Gleichung ebenfalls der Kosinus, dieses führt jedoch zu keiner Änderung. Auf der rechten Seite der Gleichung kommen nur im letzten Term Winkel vor. Aber sowohl der Sinus als auch der Kotangens bewirken einen Vorzeichenwechsel, so dass sich auch dort nichts ändert.

$\Rightarrow$ **Die unterschiedliche Orientierung der Dreiecke hat also keinen Einfluss auf die Gültigkeit der Sätze der sphärischen Trigonometrie.**

2.3 Die Sätze für beliebige Dreiecke mit gerichteten Winkeln

Es bleibt die Gültigkeit der Sätze der sphärischen Trigonometrie für nicht Eulersche Dreiecke mit gerichteten Winkeln zu zeigen. Die Winkeldefinition sei mit der in Kapitel 2.2 eingeführten identisch. Es seien weiterhin drei Punkte A, B und C auf der Kugel gegeben, die nicht auf einem gemeinsamen Großkreis liegen. Die drei Großkreise durch je zwei dieser Punkte teilen die Kugel in acht Gebiete. Ein sphärisches Dreieck besteht aus diesen drei Punkten A, B und C und den in Kapitel 2.2 definierten Großkreisbögen a', b' und c'. Diese Definition liefert acht verschiedene Dreiecke auf der Sphäre. Sie sehen wie folgt aus:

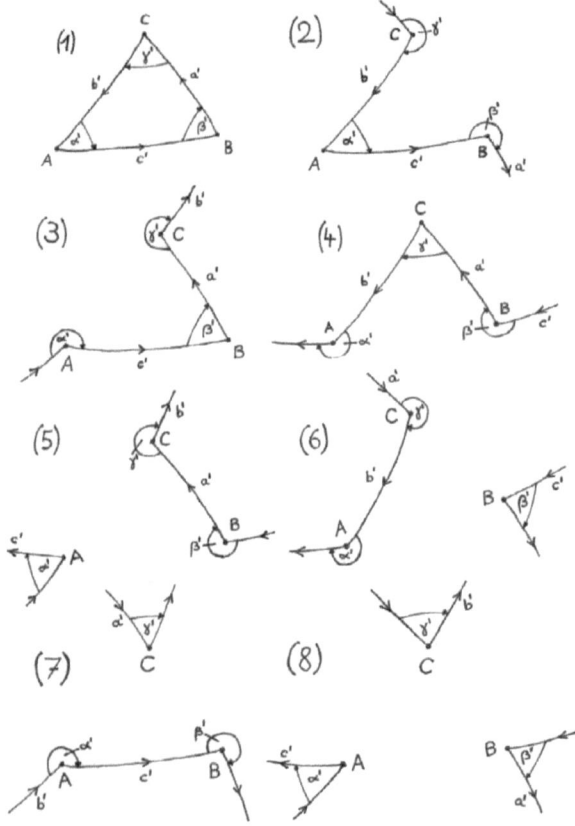

Abbildung 4: Darstellung der acht verschiedenen Dreiecke auf der Sphäre

10

Die folgende Tabelle zeigt, wie sich für diese acht Fälle die Daten α', β', γ' und a', b', c' aus den Daten α, β, γ und a, b, c des Eulerschen Dreiecks ergeben:

Eintrag	Winkel			Seiten		
	α'	β'	γ'	a'	b'	c'
(1)	α	β	γ	a	b	c
(2)	α	$180^o + \beta$	$180^o + \gamma$	$360^o - a$	b	c
(3)	$180^o + \alpha$	β	$180^o + \gamma$	a	$360^o - b$	c
(4)	$180^o + \alpha$	$180^o + \beta$	γ	a	b	$360^o - c$
(5)	α	$180^o + \beta$	$180^o + \gamma$	a	$360^o - b$	$360^o - c$
(6)	$180^o + \alpha$	β	$180^o + \gamma$	$360^o - a$	b	$360^o - c$
(7)	$180^o + \alpha$	$180^o + \beta$	γ	$360^o - a$	$360^o - b$	c
(8)	α	β	γ	$360^o - a$	$360^o - b$	$360^o - c$

Der Zusammenhang der Daten dieser Dreiecke mit den Daten der Eulerschen Dreiecke lässt eine Überprüfung der Sätze der sphärischen Trigonometrie für die acht vorhandenen Fälle zu. Man kann diese acht Fälle auf vier Fälle reduzieren, da die Einträge (2),(3),(4) und die Einträge (5),(6),(7) durch zyklische Vertauschung ineinander überführt werden können. Was auch in Abb. 4 zu sehen ist.

Der erste Fall, also Eintrag (1), muss nicht überprüft werden, da dieses Dreieck ein Eulersches Dreieck ist.

Beginnend beim zweiten Fall, stellvertretend für die Einträge (2),(3),(4), wird aus dem Sinussatz:

$$\frac{\sin \alpha'}{\sin a'} = \frac{\sin \alpha}{\sin(360^o - a)} = -\frac{\sin \alpha}{\sin a} = -\frac{\sin \beta}{\sin b} = \frac{\sin(180^o + \beta)}{\sin b} = \frac{\sin \beta'}{\sin b'}$$

und

$$\frac{\sin \beta'}{\sin b'} = \frac{\sin(180^o + \beta)}{\sin b} = -\frac{\sin \beta}{\sin b} = -\frac{\sin \gamma}{\sin c} = \frac{\sin(180^o + \gamma)}{\sin c} = \frac{\sin \gamma'}{\sin c'}$$

Somit

$$\frac{\sin \alpha'}{\sin a'} = \frac{\sin \beta'}{\sin b'} = \frac{\sin \gamma'}{\sin c'}$$

Aus dem Seiten-Kosinussatz wird für diesen Fall:

$$
\begin{aligned}
\cos a' &= \cos(360^o - a) \\
&= \cos a \\
&= \cos b \cdot \cos c + \sin b \cdot \sin c \cdot \cos \alpha \\
&= \cos b' \cdot \cos c' + \sin b' \cdot \sin c' \cdot \cos \alpha'
\end{aligned}
$$

11

und

$$\begin{aligned}
\cos b' &= \cos b \\
&= \cos a \cdot \cos c + \sin a \cdot \sin c \cdot \cos \beta \\
&= \cos(360^o - a) \cdot \cos c + \sin(360^o - a) \cdot \sin c \cdot \cos(180^o + \beta) \\
&= \cos a' \cdot \cos c' + \sin a' \cdot \sin c' \cdot \cos \beta'
\end{aligned}$$

und

$$\begin{aligned}
\cos c' &= \cos c \\
&= \cos a \cdot \cos b + \sin a \cdot \sin b \cdot \cos \gamma \\
&= \cos(360^o - a) \cdot \cos b + \sin(360^o - a) \cdot \sin b \cdot \cos(180^o + \gamma) \\
&= \cos a' \cdot \cos b' + \sin a' \cdot \sin b' \cdot \cos \gamma'
\end{aligned}$$

Der Kotangenssatz verändert sich wie folgt:

$$\begin{aligned}
\cos a' \cdot \cos \beta' &= \cos(360^o - a) \cdot \cos(180^o + \beta) \\
&= -\cos a \cdot \cos \beta \\
&= -\sin a \cdot \cot c - (-\sin \beta \cdot \cot \gamma) \\
&= \sin(360^o - a) \cdot \cot c - \sin(180^o + \beta) \cdot \cot(180^o + \gamma) \\
&= \sin a' \cdot \cot c' - \sin \beta' \cdot \cot \gamma'
\end{aligned}$$

und

$$\begin{aligned}
\cos b' \cdot \cos \gamma' &= \cos b \cdot \cos(180^o + \gamma) \\
&= -\cos b \cdot \cos \gamma \\
&= -\sin b \cdot \cot a - (-\sin \gamma \cdot \cot \alpha) \\
&= \sin b \cdot \cot(360^o - a) - \sin(180^o + \gamma) \cdot \cot \alpha \\
&= \sin b' \cdot \cot a' - \sin \gamma' \cdot \cot \alpha'
\end{aligned}$$

und

$$\begin{aligned}
\cos c' \cdot \cos \alpha' &= \cos c \cdot \cos \alpha \\
&= \sin c \cdot \cot b - \sin \alpha \cdot \cot \beta \\
&= \sin c \cdot \cot b - \sin \alpha \cdot \cot(180^o + \beta) \\
&= \sin c' \cdot \cot b' - \sin \alpha' \cdot \cot \beta'
\end{aligned}$$

Somit bleiben die Sätze der sphärischen Trigonometrie für die Einträge (2),(3),(4) erhalten.

Für den dritten Fall, also Einträge (5),(6),(7), wird aus dem Sinussatz:

$$\frac{\sin\alpha'}{\sin a'} = \frac{\sin\alpha}{\sin a} = \frac{\sin\beta}{\sin b} = \frac{\sin(180^o+\beta)}{\sin(360^o-b)} = \frac{\sin\beta'}{\sin b'}$$

und

$$\frac{\sin\beta'}{\sin b'} = \frac{\sin(180^o+\beta)}{\sin(360^o-b)} = \frac{\sin\beta}{\sin b} = \frac{\sin\gamma}{\sin c} = \frac{\sin(180^o+\gamma)}{\sin(360^o-c)} = \frac{\sin\gamma'}{\sin c'}$$

Somit

$$\frac{\sin\alpha'}{\sin a'} = \frac{\sin\beta'}{\sin b'} = \frac{\sin\gamma'}{\sin c'}$$

Der Seiten-Kosinussatz verändert sich wie folgt:

$$
\begin{aligned}
\cos a' &= \cos a \\
&= \cos b \cdot \cos c + \sin b \cdot \sin c \cdot \cos\alpha \\
&= \cos(360^o-b)\cdot\cos(360^o-c) + \sin(360^o-b)\cdot\sin(360^o-c)\cdot\cos\alpha \\
&= \cos b' \cdot \cos c' + \sin b' \cdot \sin c' \cdot \cos\alpha'
\end{aligned}
$$

und

$$
\begin{aligned}
\cos b' &= \cos(360^o-b) \\
&= \cos b \\
&= \cos a \cdot \cos c + \sin a \cdot \sin c \cdot \cos\beta \\
&= \cos a \cdot \cos(360^o-c) + \sin a \cdot \sin(360^o-c)\cdot\cos(180^o+\beta) \\
&= \cos a' \cdot \cos c' + \sin a' \cdot \sin c' \cdot \cos\beta'
\end{aligned}
$$

und

$$
\begin{aligned}
\cos c' &= \cos(360^o-c) \\
&= \cos c \\
&= \cos a \cdot \cos b + \sin a \cdot \sin b \cdot \cos\gamma \\
&= \cos a \cdot \cos(360^o-b) + \sin a \cdot \sin(360^o-b)\cdot\cos(180^o+\gamma) \\
&= \cos a' \cdot \cos b' + \sin a' \cdot \sin b' \cdot \cos\gamma'
\end{aligned}
$$

Aus dem Kotangenssatz wird für diesen Fall:

$$
\begin{aligned}
\cos a' \cdot \cos\beta' &= \cos a \cdot \cos(180^o+\beta) \\
&= -\cos a \cdot \cos\beta \\
&= -\sin a \cdot \cot c - (-\sin\beta \cdot \cot\gamma) \\
&= \sin a \cdot \cot(360^o-c) - \sin(180^o+\beta)\cdot\cot(180^o+\gamma) \\
&= \sin a' \cdot \cot c' - \sin\beta' \cdot \cot\gamma'
\end{aligned}
$$

13

und

$$\begin{aligned}
\cos b' \cdot \cos \gamma' &= \cos(360^o - b) \cdot \cos(180^o + \gamma) \\
&= -\cos b \cdot \cos \gamma \\
&= -\sin b \cdot \cot a - (-\sin \gamma \cdot \cot \alpha) \\
&= \sin(360^o - b) \cdot \cot a - \sin(180^o + \gamma) \cdot \cot \alpha \\
&= \sin b' \cdot \cot a' - \sin \gamma' \cdot \cot \alpha'
\end{aligned}$$

und

$$\begin{aligned}
\cos c' \cdot \cos \alpha' &= \cos(360^o - c) \cdot \cos \alpha \\
&= \cos c \cdot \cos \alpha \\
&= \sin c \cdot \cot b - \sin \alpha \cdot \cot \beta \\
&= \sin(360^o - c) \cdot \cot(360^o - b) - \sin \alpha \cdot \cot(180^o + \beta) \\
&= \sin c' \cdot \cot b' - \sin \alpha' \cdot \cot \beta'
\end{aligned}$$

Auch für die Einträge (5), (6), (7) bleiben also die Sätze der sphärischen Trigonometrie erhalten.

Bleibt zu guter Letzt der vierte Fall, also Eintrag (8), zu untersuchen. Es folgt für den Sinussatz:

$$\frac{\sin \alpha'}{\sin a'} = \frac{\sin \alpha}{\sin(360^o - a)} = -\frac{\sin \alpha}{\sin a} = -\frac{\sin \beta}{\sin b} = \frac{\sin \beta}{\sin(360^o - b)} = \frac{\sin \beta'}{\sin b'}$$

und

$$\frac{\sin \beta'}{\sin b'} = \frac{\sin \beta}{\sin(360^o - b)} = -\frac{\sin \beta}{\sin b} = -\frac{\sin \gamma}{\sin c} = \frac{\sin \gamma}{\sin(360^o - c)} = \frac{\sin \gamma'}{\sin c'}$$

Somit

$$\frac{\sin \alpha'}{\sin a'} = \frac{\sin \beta'}{\sin b'} = \frac{\sin \gamma'}{\sin c'}$$

Für den Seiten-Kosinussatz ergibt sich:

$$
\begin{aligned}
\cos a' &= \cos(360^o - a) \\
&= \cos a \\
&= \cos b \cdot \cos c + \sin b \cdot \sin c \cdot \cos \alpha \\
&= \cos(360^o - b) \cdot \cos(360^o - c) + \sin(360^o - b) \cdot \sin(360^o - c) \cdot \cos \alpha \\
&= \cos b' \cdot \cos c' + \sin b' \cdot \sin c' \cdot \cos \alpha'
\end{aligned}
$$

und

$$
\begin{aligned}
\cos b' &= \cos(360^o - b) \\
&= \cos b \\
&= \cos a \cdot \cos c + \sin a \cdot \sin c \cdot \cos \beta \\
&= \cos(360^o - a) \cdot \cos(360^o - c) + \sin(360^o - a) \cdot \sin(360^o - c) \cdot \cos \beta \\
&= \cos a' \cdot \cos c' + \sin a' \cdot \sin c' \cdot \cos \beta'
\end{aligned}
$$

und

$$
\begin{aligned}
\cos c' &= \cos(360^o - c) \\
&= \cos c \\
&= \cos a \cdot \cos b + \sin a \cdot \sin b \cdot \cos \gamma \\
&= \cos(360^o - a) \cdot \cos(360^o - b) + \sin(360^o - a) \cdot \sin(360^o - b) \cdot \cos \gamma \\
&= \cos a' \cdot \cos b' + \sin a' \cdot \sin b' \cdot \cos \gamma'
\end{aligned}
$$

Aus dem Kotangenssatz wird für diesen Fall:

$$
\begin{aligned}
\cos a' \cdot \cos \beta' &= \cos(360^o - a) \cdot \cos \beta \\
&= \cos a \cdot \cos \beta \\
&= \sin a \cdot \cot c - \sin \beta \cdot \cot \gamma \\
&= \sin(360^o - a) \cdot \cot(360^o - c) - \sin \beta \cdot \cot \gamma \\
&= \sin a' \cdot \cot c' - \sin \beta' \cdot \cot \gamma'
\end{aligned}
$$

und

$$
\begin{aligned}
\cos b' \cdot \cos \gamma' &= \cos(360^o - b) \cdot \cos \gamma \\
&= \cos b \cdot \cos \gamma \\
&= \sin b \cdot \cot a - \sin \gamma \cdot \cot \alpha \\
&= \sin(360^o - b) \cdot \cot(360^o - a) - \sin \gamma \cdot \cot \alpha \\
&= \sin b' \cdot \cot a' - \sin \gamma' \cdot \cot \alpha'
\end{aligned}
$$

15

und

$$\begin{aligned}
\cos c' \cdot \cos \alpha' &= \cos(360^o - c) \cdot \cos \alpha \\
&= \cos c \cdot \cos \alpha \\
&= \sin c \cdot \cot b - \sin \alpha \cdot \cot \beta \\
&= \sin(360^o - c) \cdot \cot(360^o - b) - \sin \alpha \cdot \cot \beta \\
&= \sin c' \cdot \cot b' - \sin \alpha' \cdot \cot \beta'
\end{aligned}$$

Für den Eintrag (8) bleiben die Sätze der sphärischen Trigonometrie ebenfalls erhalten.

Somit ist bewiesen, dass die Sätze für Eulersche Dreiecke auch für Dreiecke mit gerichteten Winkeln kleiner als 2π gelten.

3 Das Nautische Grunddreieck

3.1 Die Himmelskugel

Befindet sich ein Beobachter auf der Erde, so erscheinen ihm die Sterne wie an eine Halbkugel projeziert. Erweitert man diese Halbkugel zu einer Vollkugel, so befindet sich der Beobachter im Mittelpunkt einer Hohlkugel auf deren Innenseite sich die Sterne befinden. Auf dieser scheinbaren **Himmelskugel** gelten die Gesetze der Kugelgeometrie. Die Sterne auf dieser Himmelskugel bewegen sich an einem Tag von Ost nach West, da die Erde sich in dieser Zeit von West nach Ost dreht. Die Drehachse des gesamten Systems, auch **Himmelsachse** genannt, ist die Verlängerung der Erdachse. Die Durchstoßpunkte der Himmelsachse mit der Himmelskugel sind der Himmelsnordpol P und der Himmelssüdpol $\bar{P}$. Die Ebene des Erdäquators schneidet die Himmelskugel im Himmelsäquator. Der Punkt der Himmelskugel senkrecht oberhalb des Beobachters ist der sogenannte Zenit Z. Sein Gegenpunkt der Nadir $\bar{Z}$. Senkrecht zu der $Z\bar{Z}$-Achse verläuft eine Ebene durch den Erdmittelpunkt, die die Himmelskugel in einem Großkreis schneidet.

Dieser Großkreis wird **Horizont** genannt. Die Kreisbahnen der Fixsterne verlaufen parallel zum Horizont. Entweder sie schneiden den Himmelsäquator in zwei Punkten, dem Aufgangspunkt A und dem Untergangspunkt U oder sie schneiden ihn überhaupt nicht, in diesem Fall spricht man von einem Zirkumpolarstern. Der Großkreis durch den Zenit und die Himmelspole schneidet den Horizont in zwei Punkten, dem Nordpunkt No (liegt näher am Himmelsnordpol) und dem Südpunkt $Sü$. Ostpunkt Os und Westpunkt We ergeben sich aus den beiden Schnittpunkten von Horizont und Himmelsäquator.

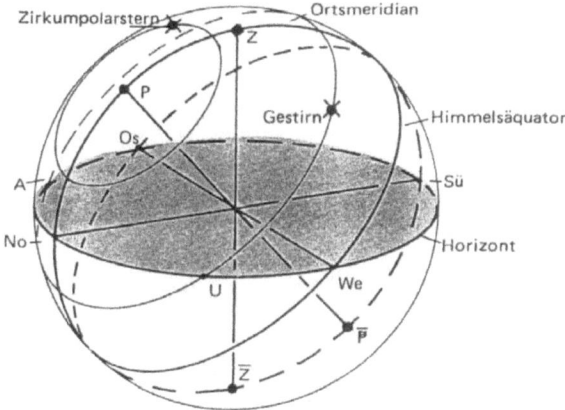

Abbildung 5: Die Himmelskugel (aus Bigalke, 1984. S. 182)

3.2 Das Äquatorsystem

Eines der Koordinatensysteme mit dem die Himmelskugel überzogen wird ist das Äquatorsystem. Es wird bestimmt vom Himmelsäquator und den Himmelspolen. Die Großkreise, die durch die Pole verlaufen, werden **Stundenkreise** oder auch Himmelsmeridiane genannt. Die Parallelkreise zum Himmelsäquator werden als **Deklinationskreise** bezeichnet. Ein Gestirn G besitzt in diesem Koordinatensystem die **Deklination** δ und den **Stundenwinkel** t. Als Nullpunkt des Systems wird der Schnittpunkt des Himmelsäquators mit dem Stundenkreis des Zenit Z definiert. Von dort aus wird der Stundenwinkel t auf dem Äquator über Westen von 0° bis 360° gezählt.

Die Deklination δ wird auf dem Stundenkreis von G vom Himmelsäquator aus gemessen. Auf dem nördlichen Teil der Himmelskugel wird die Deklination δ zum Nordpol hin positiv gezählt, auf dem südlichen Teil wird sie zum Südpol hin negativ gezählt. Alle Fixsterne bewegen sich somit auf Deklinationskreisen. Innerhalb eines Tages erreichen sie ihren höchsten Stand über dem Horizont, die sogenannte **obere Kulmination** und ihren tiefsten Stand über dem Horizont, die **untere Kulmination**. Das Äquatorsystem ist ein ortsabhängiges Koordinatensystem, denn die Lage des Nullpunktes ist abhängig von dem Zenitstundenkreis. Die geographische Breite des Beobachtungsortes findet sich in der Deklination des Zenits wieder.

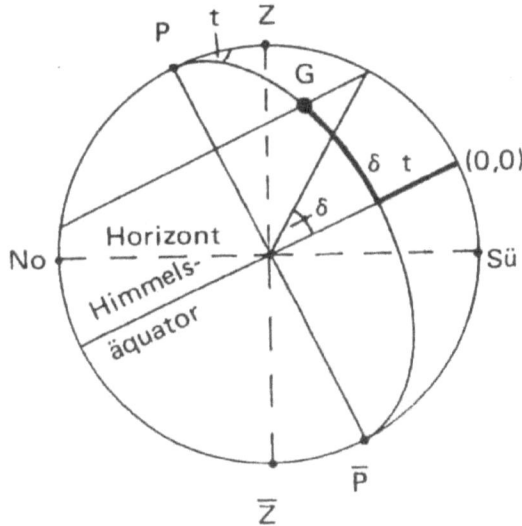

Abbildung 6: Das Äquatorsystem (aus Bigalke, 1984. S. 183)

3.3 Das Horizontsystem

Das zweite Koordinatensystem mit dem die Himmelskugel überzogen wird ist das Horizont-system. Es wird bestimmt vom Horizont und dessen Polen Zenit und Nadir. Die Großkreise durch Zenit und Nadir werden **Scheitelkreise** oder Vertikale genannt. Die Parallelkreise zum Horizont werden als **Höhenparallelen** bezeichnet. Ein Gestirn G besitzt in diesem Koordinatensystem die **Höhe** h und das **Azimut** A. Als Nullpunkt des Systems wird der Südpunkt $Sü$ auf dem Horizont definiert. Von dort aus wird das Azimut A auf dem Horizont über den Westpunkt We von 0° bis 360° gezählt. Die Höhe h wird auf dem Scheitelkreis von G vom Horizont aus gemessen. Sie wird zum Zenit hin positiv, zum Nadir hin negativ gezählt.

Für die Sternenbestimmung wird jedoch meistens die **Zenitdistanz** angegeben. Sie ergibt sich als Komplement der Gestirnshöhe, also $z = 90^o - h$. Die geographische Breite des Beob-achtungsortes findet sich in der Höhe des Pols wieder.

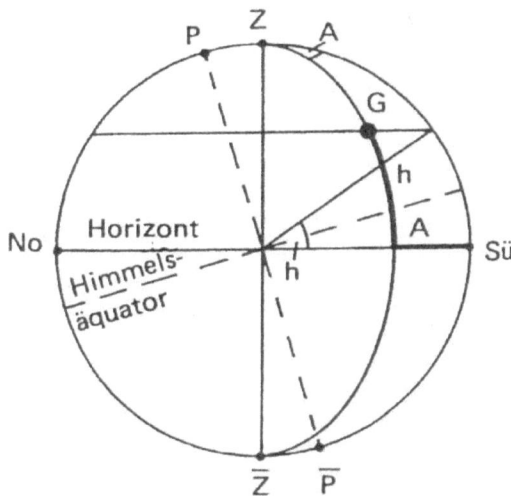

Abbildung 7: Das Horizontsystem (aus Bigalke, 1984. S. 184)

3.4 Das Nautische Dreieck

Der Zusammenhang zwischen Äquatorsystem und dem Horizontsystem wird durch das Nautische Dreieck, auch unter dem Namen astronomisches Grunddreieck bekannt, hergestellt. Die Eckpunkte des Dreiecks sind der Zenit Z, der Pol P und das Gestirn G, wobei dies der Reihenfolge der Punkte im oben definierten Dreieck ABC entspricht. D.h. Z entspricht A, P entspricht B und G entspricht C. Die entsprechenden Winkel des Dreiecks sind: Der Stundenwinkel t im Punkt P, das Supplement des Azimuts A ($:= 180^o - A$) im Punkt Z und der parallaktische Winkel q im Punkt G, vgl. Abb. 8. Die dazugehörigen Seiten des Dreiecks sind das Komplement der geographischen Breite $|\widehat{PZ}| = 90^o - \varphi$, das Komplement der Höhe des Gestirns, also die Zenitdistanz $|\widehat{ZG}| = 90^o - h = z$ und das Komplement der Deklination $|\widehat{PG}| = 90^o - \delta$, die sogenannte Poldistanz.

Sind drei Stücke des Kugeldreiecks bekannt, kann man die noch fehlenden Stücke mit Hilfe der Sätze der sphärischen Trigonometrie berechnen. Bei allen Berechnungen sei die geographische Breite des Beobachtungsortes als bekannt anzusehen.

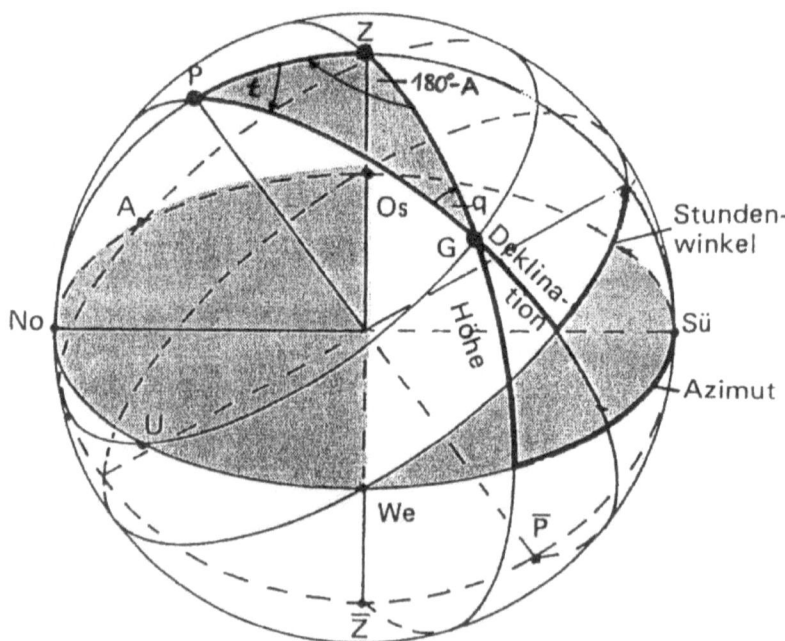

Abbildung 8: Das Nautische Dreieck (aus Bigalke, 1984. S. 186)

Hat man z.B. durch Beobachtungen δ und t gemessen, also die Äquatorsystem-Koordinaten, liefert der Seiten-Kosinussatz[4]:

$$\cos|\widehat{ZG}| = \cos|\widehat{PZ}| \cdot \cos|\widehat{PG}| + \sin|\widehat{PZ}| \cdot \sin|\widehat{PG}| \cdot \cos t$$

$$\Leftrightarrow \cos z = \cos(90^o - \varphi) \cdot \cos(90^o - \delta) + \sin(90^o - \varphi) \cdot \sin(90^o - \delta) \cdot \cos t$$

$$\Leftrightarrow \cos z = \sin\varphi \cdot \sin\delta + \cos\varphi \cdot \cos\delta \cdot \cos t \tag{1}$$

Die Anwendung des Kotangenssatzes liefert:

$$\cos|\widehat{PZ}| \cdot \cos t = \sin|\widehat{PZ} \cdot \cot|\widehat{PG}| - \sin t \cdot \cot(180^o - A)$$

$$\Leftrightarrow \cos(90^o - \varphi) \cdot \cos t = \sin(90^o - \varphi) \cdot \cot(90^o - \delta) + \sin t \cdot \cot A$$

$$\Leftrightarrow \sin\varphi \cdot \cos t = \cos\varphi \cdot \tan\delta + \sin t \cdot \cot A$$

$$\Leftrightarrow \cot A = \sin\varphi \cdot \cot t - \frac{\cos\varphi \cdot \tan\delta}{\sin t} \tag{2}$$

Sind die Horizontsystem-Koordinaten $z = 90^o - h$ und A bekannt, berechnet man mit dem Seiten-Kosinussatz[5]:

$$\cos|\widehat{PG}| = \cos|\widehat{ZG}| \cdot \cos|\widehat{PZ}| + \sin|\widehat{ZG}| \cdot \sin|\widehat{PZ}| \cdot \cos(180^o - A)$$

$$\Leftrightarrow \cos(90^o - \delta) = \cos z \cdot \cos(90^o - \varphi) - \sin z \cdot \sin(90^o - \varphi) \cdot \cos A$$

$$\Leftrightarrow \sin\delta = \cos z \cdot \sin\varphi - \sin z \cdot \cos\varphi \cdot \cos A$$

Mit dem Kotangenssatz berechnet man:

$$\cos|\widehat{PZ}| \cdot \cos(180^o - A) = \sin|\widehat{PZ}| \cdot \cot|\widehat{ZG}| - \sin(180^o - A) \cdot \cot t$$

$$\Leftrightarrow \cos(90^o - \varphi) \cdot \cos(180^o - A) = \sin(90^o - \varphi) \cdot \cot z - \sin(180^o - A) \cdot \cot t$$

$$\Leftrightarrow -\sin\varphi \cdot \cos A = \cos\varphi \cdot \cot z - \sin A \cdot \cot t$$

$$\Leftrightarrow \cot t = \sin\varphi \cdot \cot A + \frac{\cos\varphi \cdot \cot z}{\sin A}$$

---

[4]Bigalke, 1984, S. 185f
[5]Bigalke, 1984, S. 186

4 Auf- und Untergang von Gestirnen

4.1 Die Bewegungsgleichungen der Fixsterne

Mit Hilfe der Gleichungen (1) und (2) und ihrer Ableitungen lassen sich die Bewegungen der Fixsterne beschreiben. Unter der Annahme, dass die geographische Breite φ und die Deklination δ als konstant angesehen werden, können Bewegungsgleichungen für Zenitdistanz z und Azimut A in Abhängigkeit vom Stundenwinkel t aufgestellt werden[6].

Die funktionale Abhängigkeit der Zenitdistanz z vom Stundenwinkel t folgt aus Gleichung (1):

$$\cos z(t) = \sin \varphi \cdot \sin \delta + \cos \varphi \cdot \cos \delta \cdot \cos t$$

Bildet man die Ableitung, so erhält man:

$$\frac{d}{dt} \cos z(t) = \frac{d}{dt}(\sin \varphi \cdot \sin \delta + \cos \varphi \cdot \cos \delta \cdot \cos t)$$

$$\Leftrightarrow -\sin z \frac{dz}{dt} = -\cos \varphi \cdot \cos \delta \cdot \sin t$$

$$\Leftrightarrow \frac{dz}{dt} = \frac{\cos \varphi \cdot \cos \delta \cdot \sin t}{\sin z} \tag{3}$$

Die funktionale Abhängigkeit des Azimuts A vom Stundenwinkel t folgt aus Gleichung (2):

$$\cot A(t) = \sin \varphi \cdot \cot t - \frac{\cos \varphi \cdot \tan \delta}{\sin t}$$

Bildet man die Ableitung, so erhält man:

$$\frac{d}{dt} \cot A(t) = \frac{d}{dt}(\sin \varphi \cdot \cot t - \frac{\cos \varphi \cdot \tan \delta}{\sin t})$$

$$\Leftrightarrow -(1 + \cot^2 A)\frac{dA}{dt} = -(1 + \cot^2 t) \cdot \sin \varphi + \frac{\cos \varphi \cdot \tan \delta \cdot \cos t}{\sin^2 t}$$

$$\Leftrightarrow \frac{dA}{dt} = (-\sin \varphi \cdot (1 + \cot^2 t) + \frac{\cos \varphi \cdot \tan \delta \cdot \cos t}{\sin^2 t}) \cdot \underbrace{(-\frac{1}{1 + \cot^2 A})}_{-\sin^2 A}$$

$$\Leftrightarrow \frac{dA}{dt} = (\underbrace{-\sin \varphi - \sin \varphi \cdot \cot^2 t + \frac{\cos \varphi \cdot \tan \delta \cdot \cos t}{\sin^2 t}}_{-\cot t \cdot \cot A}) \cdot (\cos^2 A - 1)$$

---

[6]Bigalke, 1984, S. 187f

$$\Leftrightarrow \frac{dA}{dt} = \sin\varphi + \cot t \cdot (\underbrace{\cot A - \cot A \cdot \cos^2 A}_{\cos A \cdot \sin A}) - \sin\varphi \cdot \cos^2 A$$

$$\Leftrightarrow \frac{dA}{dt} = \sin\varphi + \cos A \cdot (\underbrace{\cot t \cdot \sin A - \sin\varphi \cdot \cos A}_{\cos\varphi \cdot \cot z})$$

$$\Leftrightarrow \frac{dA}{dt} = \sin\varphi + \cos A \cdot \cos\varphi \cdot \cot z \qquad (4)$$

Mit den Gleichungen (1), (2), (3) und (4) kann man die wichtigsten Bewegungen der Fixsterne berechnen.

4.2 Praktische Anwendung

Aus den Extremwerten der Zenitdistanz ($\frac{dz}{dt} = 0$) folgt für den Stundenwinkel in (3):

$$\frac{\cos \varphi \cdot \cos \delta \cdot \sin t_o}{\sin z} = 0$$

$$\Rightarrow \sin t_o = 0$$

$$\Rightarrow t_o = 0^o \text{ oder } t_o = 180^o$$

In (1) eingesetzt folgt für $t_o = 0^o$:

$$\cos z_o = \underbrace{\sin \varphi \cdot \sin \delta + \cos \varphi \cdot \cos \delta}_{\cos(\varphi - \delta)}$$

$$\Rightarrow z_o = |\varphi - \delta| = \text{obere Kulmination}$$

Für $t_o = 180^o$ folgt:

$$\cos z_o = \underbrace{\sin \varphi \cdot \sin \delta - \cos \varphi \cdot \cos \delta}_{-\cos(\varphi + \delta)}$$

$$\Rightarrow z_o = 180^o - (\varphi + \delta) = \text{untere Kulmination}$$

Für die Azimute beim Aufgang A_a und beim Untergang A_u, wobei $h = 0^o \Rightarrow z = 90^o$, folgt nach (2):

$$\cos A_{a,u} = -\frac{\sin \delta}{\cos \varphi}$$

Der dazugehörende Stundenwinkel folgt aus (1):

$$\cos t_{a,u} = -\frac{\sin \varphi \cdot \sin \delta}{\cos \varphi \cdot \cos \delta} = -\tan \varphi \cdot \tan \delta$$

Mit Hilfe des Stundenwinkels kann man den Greenwichen Stundenwinkel, $\Upsilon t_{Grw_{a,u}}$, beim Auf- bzw. Untergang berechnen. Für diesen gilt:

$$\Upsilon t_{Grw_{a,u}} = t_{a,u} - \beta - \lambda$$

Im Nautischen Jahrbuch ist dann die Mittlere Grennwich-Zeit (MGZ) zum jeweiligen Grennwichen Stundenwinkel genau angegeben, so dass man dann die Auf- und Untergangszeiten des Gestirns in Mitteleuropäischer Zeit wie folgt bestimmen kann:

$$\text{MEZ} = \text{MGZ} + 1\text{h}$$

Mit diesen Vorüberlegungen lässt sich für den Sirius über Bochum am 24.11.2005 jegliche relevante Koordinate berechnen. Die geographische Breite Bochums ist $\varphi = 51,5^o$ und die geographische Länge Bochums ist $\lambda = 7,23^o$. Die Deklination des Sirius beträgt laut Nautischem Jahrbuch $\delta = -16,7^o$ und der Sternwinkel des Sirius ist mit $\beta = 258,64^o$ angegeben. Somit erhält man für die Zenitdistanz zum Zeitpunkt der oberen Kulmination ($t_o = 180^o$):

$$z_o = \varphi - \delta \Rightarrow z_o = 68,2^o \Rightarrow h = 21,8^o$$

Zum Zeitpunkt der unteren Kulmination ($t_o = 180^o$) folgt:

$$z_o = 180^o - (\varphi + \delta) \Rightarrow z_o = 145,2^o \Rightarrow h = -55,2^o$$

Für die Azimute beim Auf- bzw. Untergang folgt:

$$A_a = 297,5^o \; und A_u = 62,5^o$$

Der Stundenwinkel bei Auf- und Untergang ergibt sich dann zu:

$$t_a = -67,8^o \; und t_u = 67,8^o$$

Nun kann man den Greenwichen Stundenwinkel berechnen. Er ist beim Aufgang

$$\Upsilon t_{Grw_a} = 26,3^o$$

und beim Untergang

$$\Upsilon t_{Grw_a} = 161,9^o$$

Im Nautischen Jahrbuch ist die MGZ für diese Greenwiche Stundenwinkel angegeben, mit:

$$MGZ_a = 21h30min$$

und

$$MGZ_u = 6h30min$$

Somit ergeben sich die Auf- und Untergangszeiten in Mitteleuropäischer Zeit:

$$MEZ_a = 22h30min$$

und

$$MEZ_u = 7h30min$$

$\Rightarrow$ Von Bochum aus gesehen stand der Sirius am 24.11.2005 bei oberer Kulmination (im Süden) in $21,8^o$ Höhe, vgl. Abb.9 ("Kulmination des Sirius"). Er ging um 22:30Uhr bei S $62,5^o$O auf, vgl. Abb.10 ("Aufgang des Sirius"), und um 7:30Uhr bei S $62,5^o$W unter, vgl. Abb.11 ("Untergang des Sirius").

Die folgenden Abbildungen wurden mit Hilfe des Programms Stellarium erstellt.

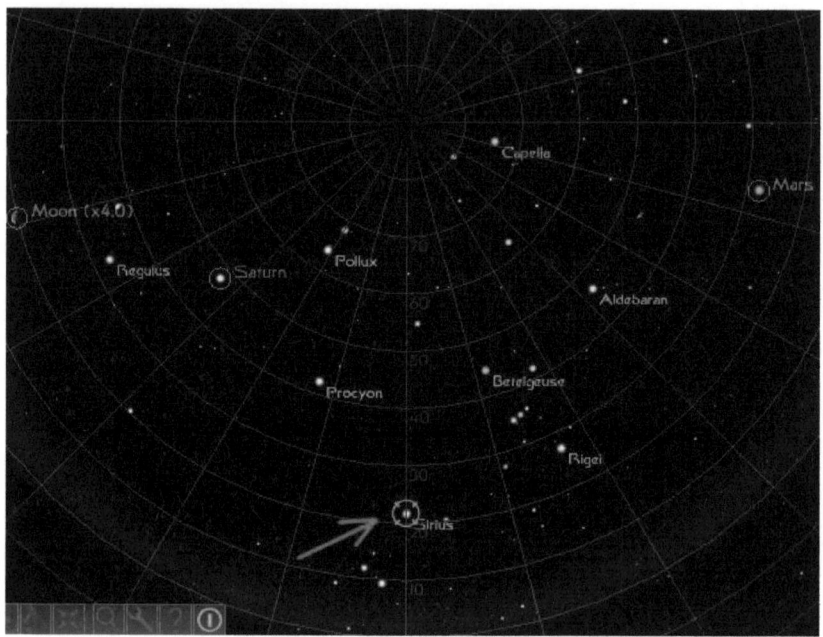

Abbildung 9: Kulmination des Sirius

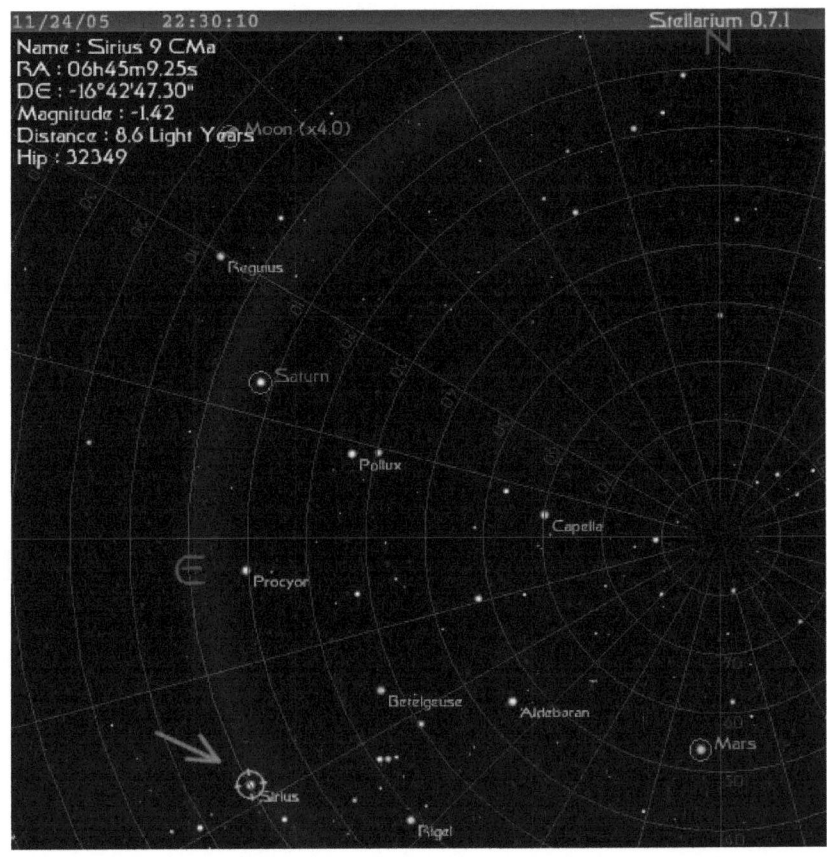

Abbildung 10: Aufgang des Sirius

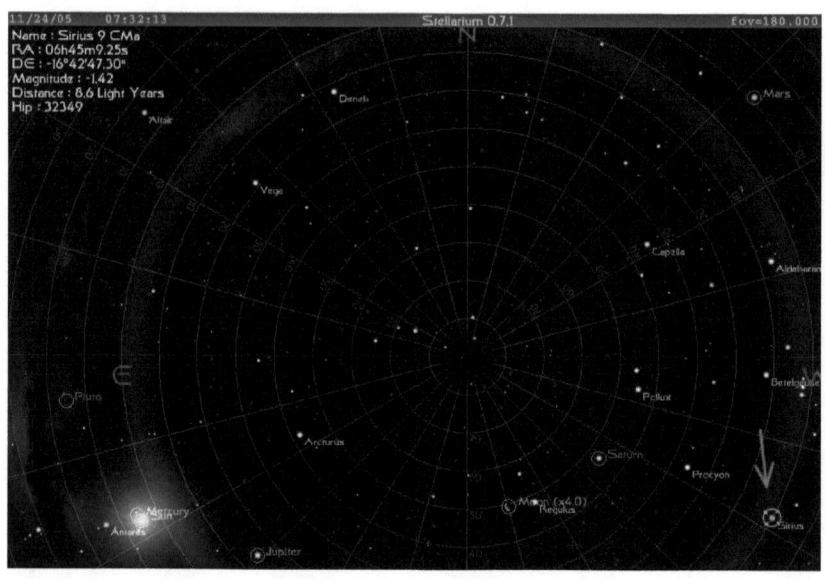

Abbildung 11: Untergang des Sirius

5 Zusammenfassung

In dieser Arbeit wurden die Sätze der sphärischen Trigonometrie für das Eulersche Dreieck mit gerichteten Winkeln und darüber hinaus auch für beliebige Dreiecke mit gerichteten Winkeln (kleiner als 2π) hergeleitet. Die Herleitung war notwendig um die Formeln der sphärischen Trigonometrie für das Nautische Dreieck anwendbar zu machen. Im astronomischen Grunddreieck sind nämlich Azimut A und Stundenwinkel t gerichtete Winkel von 0° bis 360°. Durch den Beweis der Gültigkeit der Sätze für das, für die sphärische Astronomie bedeutende Dreieck, ist die Bestimmung von Fixstern-Koordinaten möglich.

Mit der Definition der Himmelskugel, der Definition der Koordinatensysteme auf dieser Kugel und schließlich der Herleitung des Nautischen Dreiecks konnten die Bewegungsgleichungen der Fixsterne aufgestellt werden. Mit den Bewegungsgleichungen war die Berechnung der Koordinaten eines Fixsterns von einem bestimmten Beobachtungsort aus möglich. Die praktische Anwendung für den Sirius über Bochum am 24.11.2005 sollte den Ablauf einer solchen Fixsternbestimmung exemplarisch verdeutlichen.

Zusammenfassend lässt sich behaupten, dass die Mathematik, hier die Kugelgeometrie, wichtige Vorgänge der menschlichen Wirklichkeit im Stande ist zu beschreiben. Die sphärische Astronomie könnte ohne die Formeln des Nautischen Dreiecks keine Fixstern-Koordinaten bestimmen. Dies ist jedoch möglich, da die Formeln für Eulersche Dreiecke auch für Dreiecke mit gerichteten Winkeln, kleiner als 2π, gelten.

Im Hauptteil meiner Arbeit habe ich die Gültigkeit der Sätze für beliebige Dreiecke mit gerichteten Winkeln bewiesen. Aus mathematischer Sicht besteht somit die Möglichkeit, durch die Anwendung des Nautischen Dreiecks und der dafür geltenden Sätze der sphärischen Trigonometrie, die Koordinaten eines beliebigen Gestirns von einem beliebigen Ort aus zu bestimmen.

6 Quellenverzeichnis

Balser, L., *Sphärische Trigonometrie, Kugelgeometrie*, Teubner, Leipzig, 1927.

Bigalke, H.-G., *Kugelgeometrie*, Otto Salle, Frankfurt, 1984.

Filler, A., *Euklidische und nichteuklidische Geometrie*, Wissenschaftsverlag, Berlin, 2001.

Liebold, C., Werner, M., *Das neue grosse Lexikon*, Bassermann, Niedernhausen, 1988.

Lietzmann, W., *Elementare Kugelgeometrie mit numerischen und konstruktiven Methoden*, Vandenhoeck und Ruprecht, Göttingen, 1949.

http://www.stellarium.org

7 Abbildungsverzeichnis